識安全有禮貌叢書

我會搭渡輪

修訂版

新雅文化事業有限公司
www.sunya.com.hk

在哪兒乘搭渡輪呢？怎樣由陸上登上渡輪呢？颱風來時渡輪為什麼會停航呢？乘搭渡輪時乘客可在中途上落嗎？為什麼渡輪上有救生圈和救生衣呢？小朋友，你想知道這些嗎？快來參與這次「渡輪小旅程」，學做一個**守規矩**、**有禮貌**、**懂安全**的交通大使吧！

·認識航線·

香港是一個海港城市，因此它的水上交通非常發達。香港的渡輪服務分為：港內線、港外線和街渡。港內線和港外線的「港」是指維多利亞港。

港內線指在維多利亞港內航行的渡輪航線。港外線指在維多利亞港以外航行的渡輪航線。街渡是小型渡輪，主要往返離島及其他交通不便的地區。
新界
汲水門
九龍
維多利亞港
大嶼山
香港島
鯉魚門

小朋友，你認識哪些主要的港內線呢？請看看右方 5 條港內線的航線資料，用不同顏色的線把碼頭連起來。

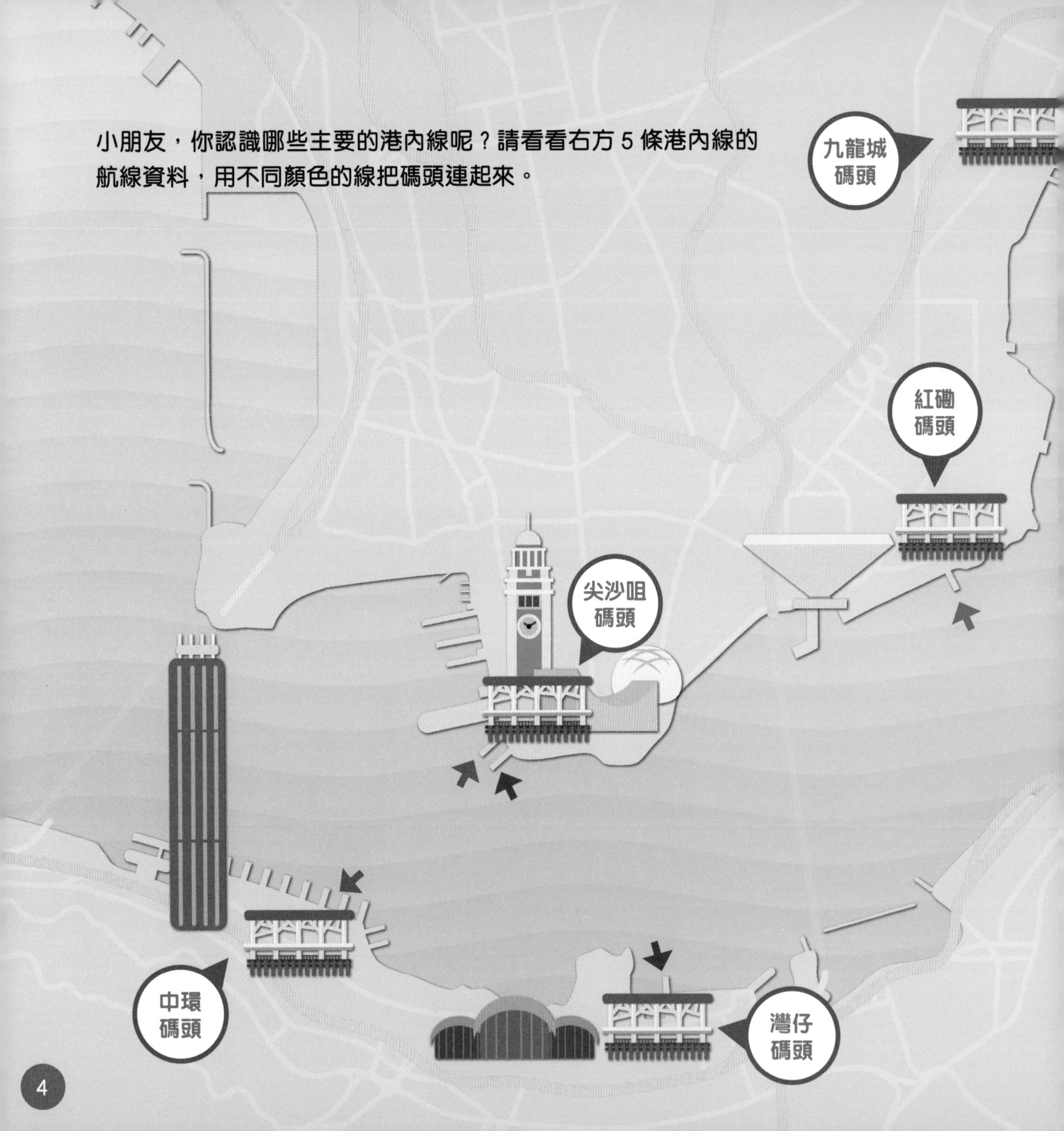
九龍城
碼頭
紅磡
碼頭
尖沙咀
碼頭
中環
碼頭
灣仔
碼頭

5 條港內線

北角 ←→	紅磡	中環 ←→	尖沙咀
北角 ←→	九龍城	灣仔 ←→	尖沙咀
北角 ←→	觀塘 / 啟德		

觀塘碼頭
北角碼頭
北角←→紅磡和北角←→九龍城的航線由新渡輪經營。北角←→觀塘 / 啟德的航線由富裕小輪經營。中環←→尖沙咀和灣仔←→尖沙咀的航線由天星小輪經營。

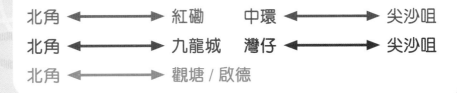

·整裝待發·

小朋友，出發乘搭渡輪前記得要留意天氣報告，一般來說渡輪於 3 號或以上強風信號下會停航。請在下圖繪畫路線，帶領渡輪避開惡劣天氣、危險或障礙物，安全抵達碼頭吧。

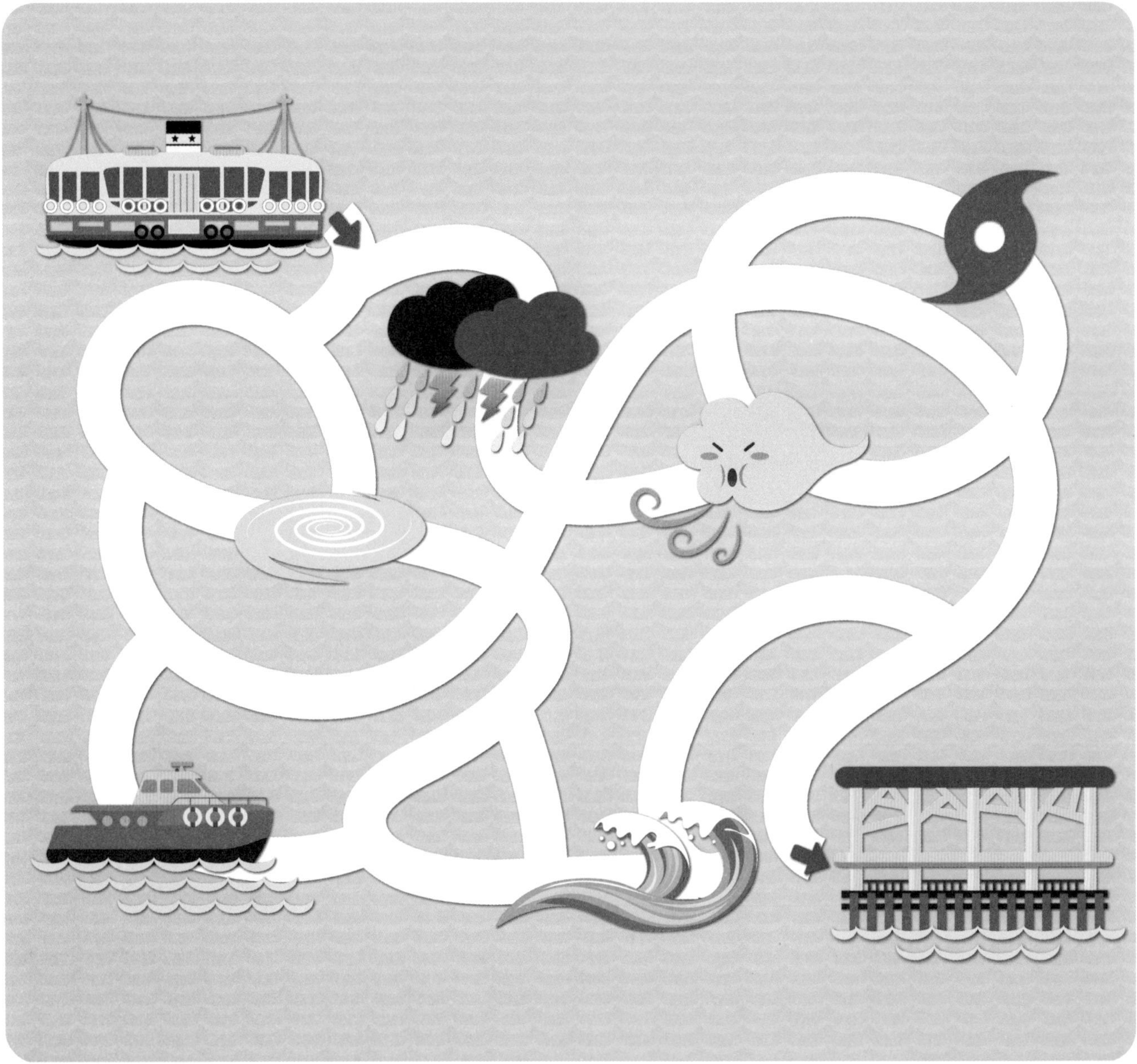

預防暈浪

有些乘客乘搭渡輪時，會因不適應海上的搖晃而出現暈浪徵狀。請根據文字指示，從貼紙頁中選出預防暈浪的貼紙貼在正確的位置，教導乘客預防暈浪的方法。

1

乘搭渡輪前只吃少量食物。

2

坐在渡輪上較穩定的位置。

3

乘搭渡輪時，望向前方或窗外，不要東張西望或經常擺動身體。

4

如有需要，可於出發前服用防止暈浪的藥物，但必須先與醫生商量。

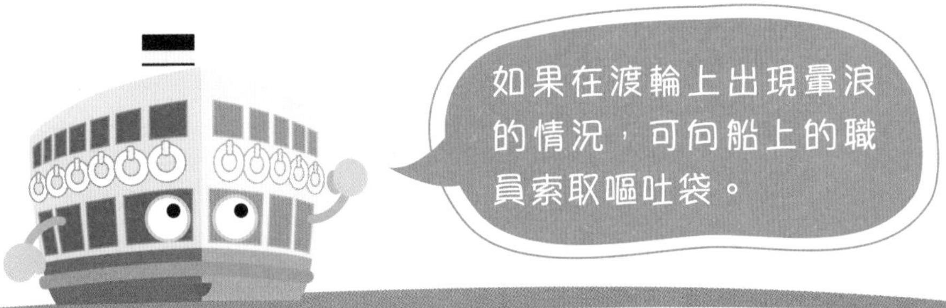
如果在渡輪上出現暈浪的情況，可向船上的職員索取嘔吐袋。

·渡輪碼頭·

大部分港內線和港外線的渡輪都是點對點、沒有中途站的。乘客來到碼頭時應仔細看清楚碼頭的指示，尋找正確的渡輪航線。以下是位於中環碼頭的渡輪航線，由 1 號到 10 號。請根據指示，把乘客用線連至正確的碼頭。

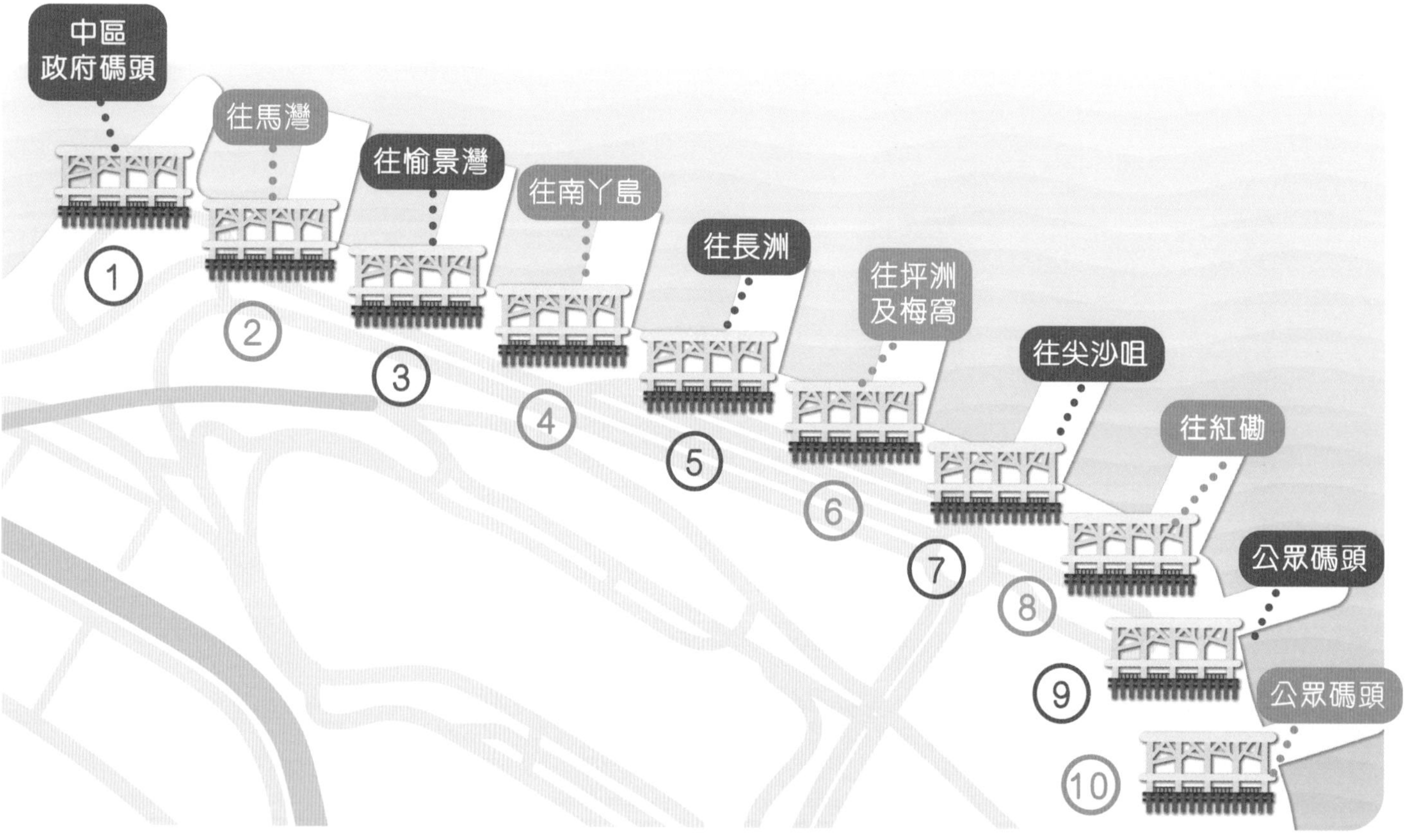

為了方便失明乘客，渡輪公司允許他們帶同導盲犬乘搭渡輪。至於其他狗隻或寵物，不同的渡輪公司有不同的規限。一起來看看下面的簡介吧！

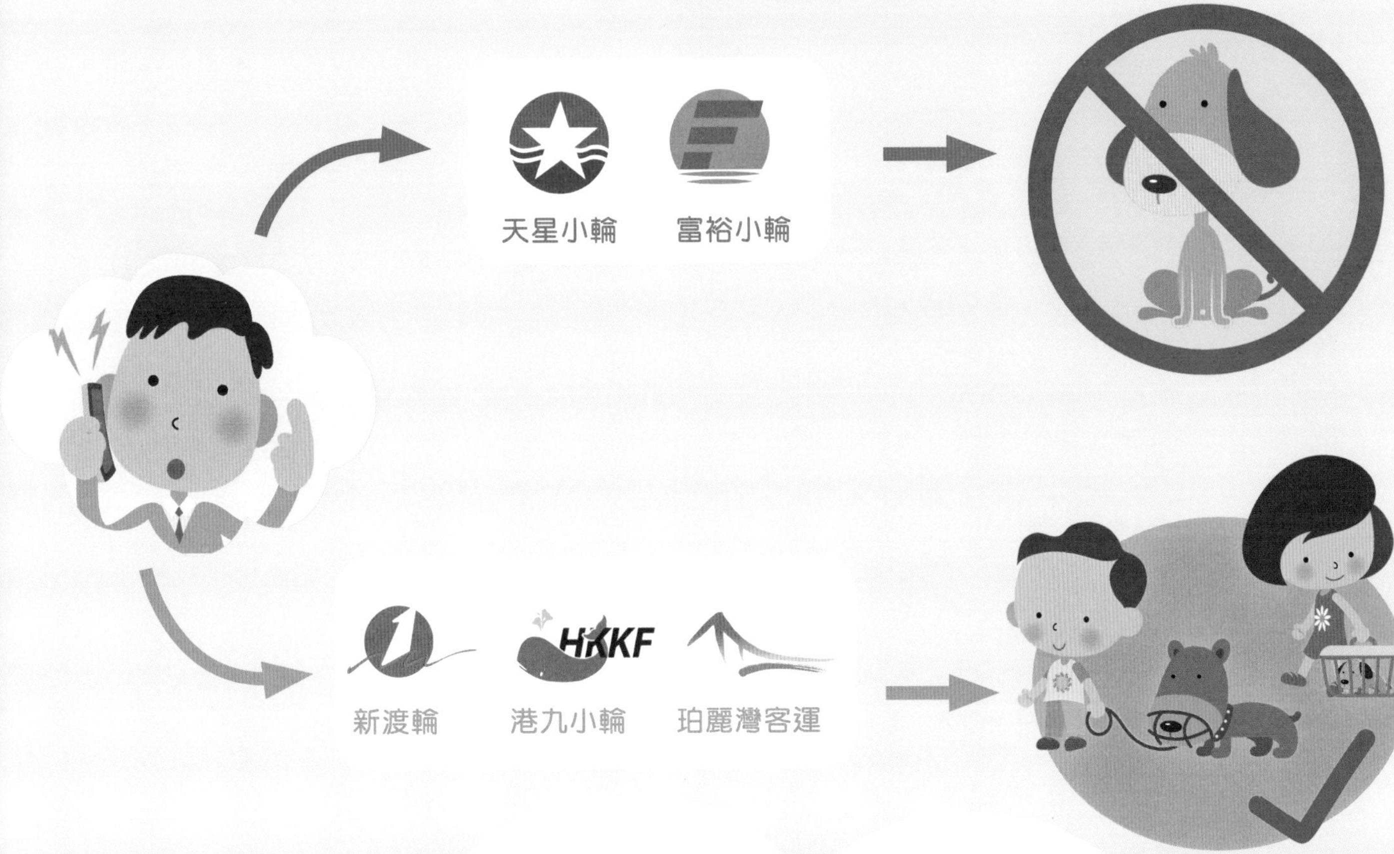
天星小輪
富裕小輪
HKKF
新渡輪
港九小輪
珀麗灣客運

帶同寵物乘搭渡輪時，
請確保寵物不會騷擾其
他乘客和佔用座位。

備注：以上資料只供參考，建議乘客於出發前向相關渡輪公司查詢。

渡輪的船費分為成人正價、小童優惠價等，部分渡輪航線還會分上層和下層、平日和假日、普通客位和豪華客位、高速船和普通渡輪等不同收費。

天星小輪

新渡輪

每間渡輪公司對小童的定義都不同，一般指 3 歲至 12 歲的小童。如有疑問，請向渡輪公司查詢。

想一想

家長可問問孩子，他喜歡乘坐上層，還是下層的座位？為什麼呢？

乘客來到碼頭後應預先準備八達通卡、輔幣或電子支付來支付船費。 以下是天星小輪代幣的簡介，請根據指示把乘客用線連至正確的代幣。

上層 平日成人收費	下層 平日成人收費	上層 平日優惠收費	下層 平日優惠收費

上船

渡輪快靠近碼頭了。雖然不同渡輪公司的渡輪外形都有些不同，但是每艘渡輪都有自己的名字。

天星小輪的渡輪都以「星」字命名，例如：曉星、夜星、北星、銀星、午星、日星、晨星、熒星及輝星。那麼你知道新渡輪的普通渡輪都是以什麼字作開頭來命名嗎？

1 以下是新渡輪部分渡輪的名字：

- 新英
- 新傑
- 新光
- 新國
- 新超
- 新飛

登船閘開啟後，乘客應有秩序地及小心地通過斜台到達上船的位置。下面圖中的斜台分成兩邊，請把較窄的那邊塗上黃色供使用輪椅的乘客使用，把較寬的那邊塗上紅色供其他乘客使用。

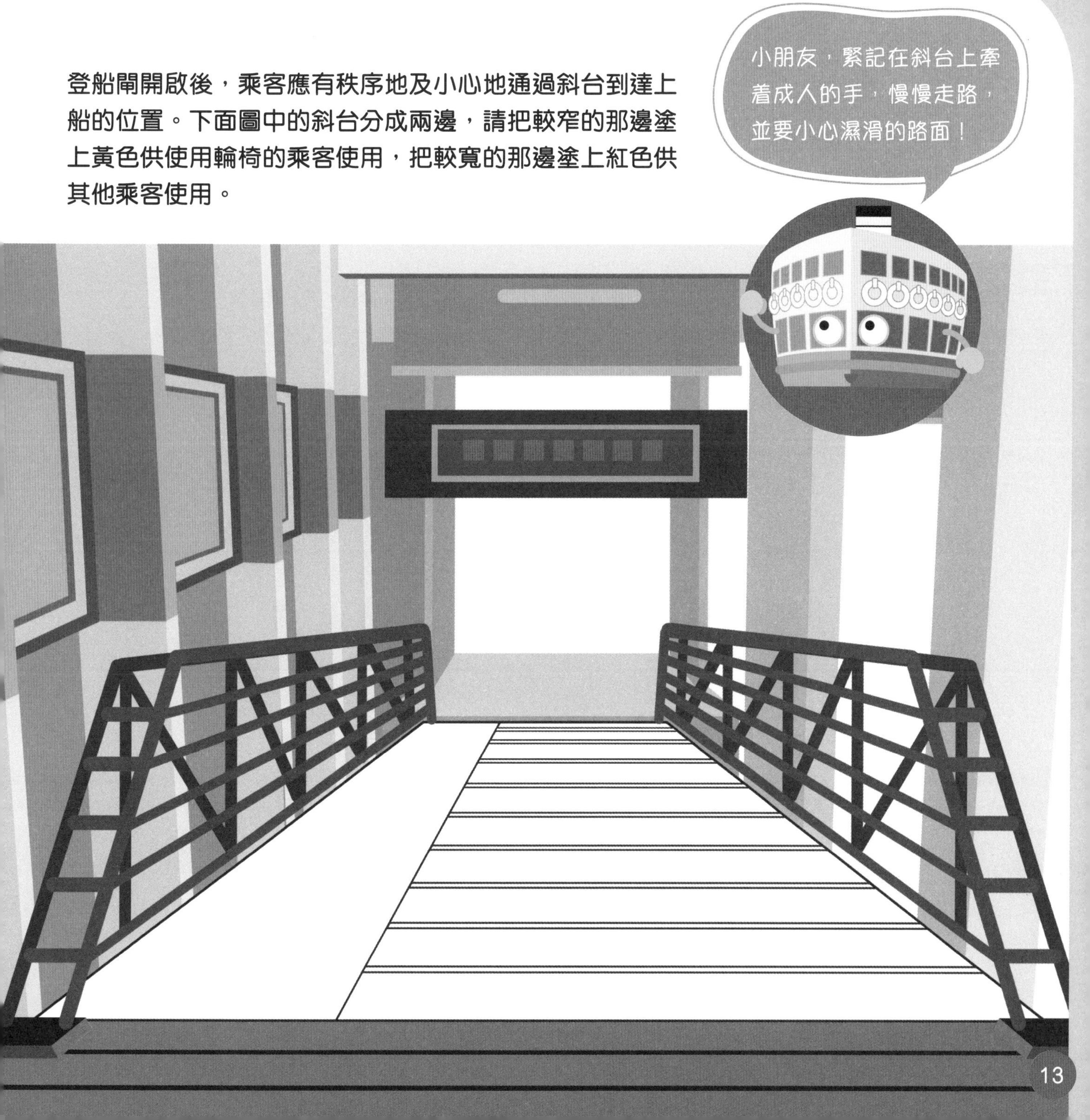
小朋友，緊記在斜台上牽着成人的手，慢慢走路，並要小心濕滑的路面！

當渡輪穩定靠岸，水手繫纜後才會放下吊板讓乘客登上渡輪。在海上的渡輪免不了會搖擺，請從貼紙頁中選取警示貼紙貼在吊板的前端，提醒乘客小心吊板的移動。

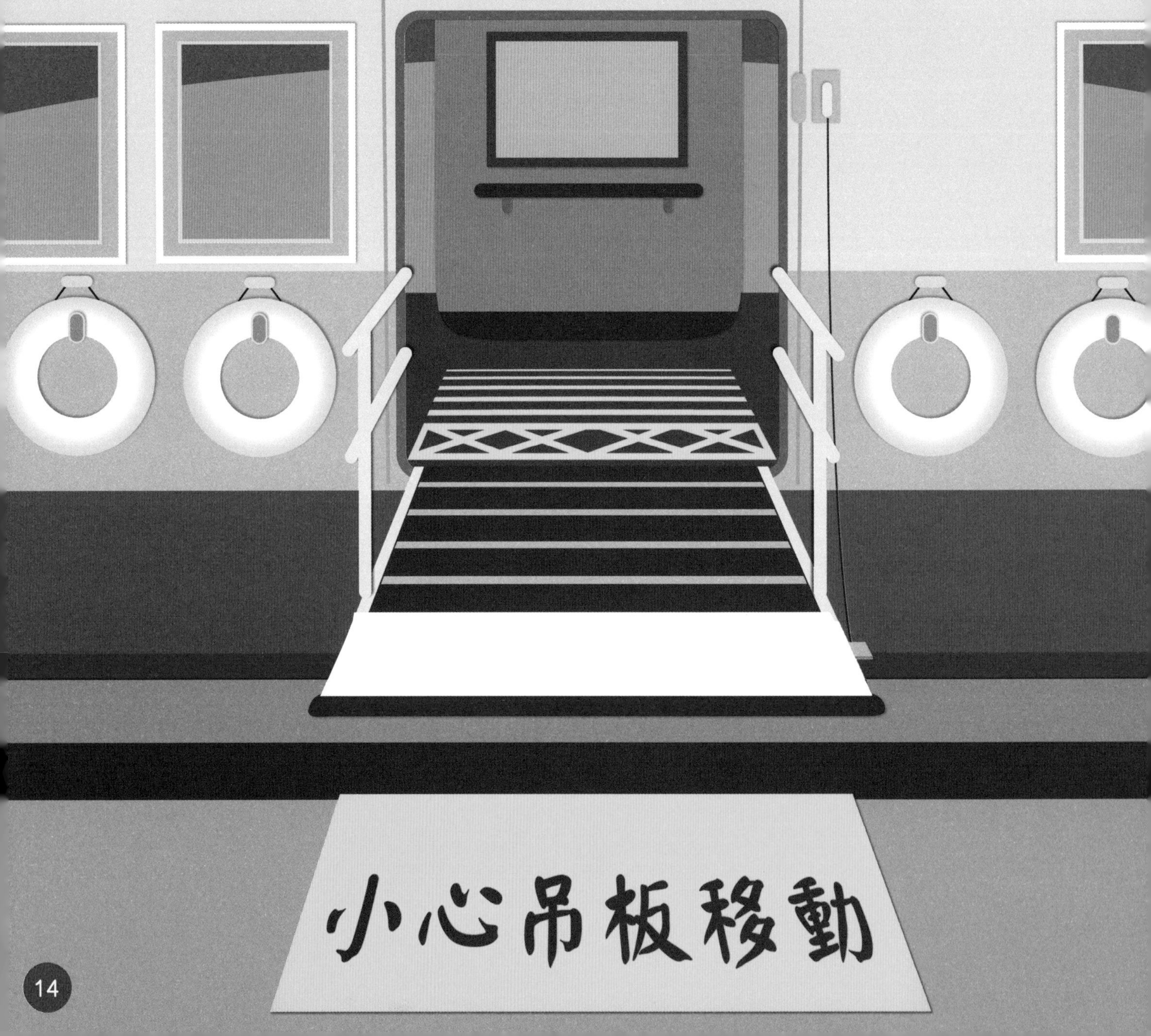

乘客非常小心地踏上吊板，可是有些乘客因第一次乘搭渡輪，不知道怎樣做。請從貼紙頁中選取 ✔ 貼紙貼在安全情況的 ◯ 內，✖ 貼紙貼在不安全情況的 ◯ 內，協助這些乘客安全地上船。

·船上安全·

上船後，乘客們紛紛找座位坐下來。渡輪在海上航行時不免會搖晃，所以乘客都不會隨便走動，也不會接近吊板的位置。請從貼紙頁中選出黃色線貼紙貼在吊板前方的地面位置，提醒乘客不要接近。

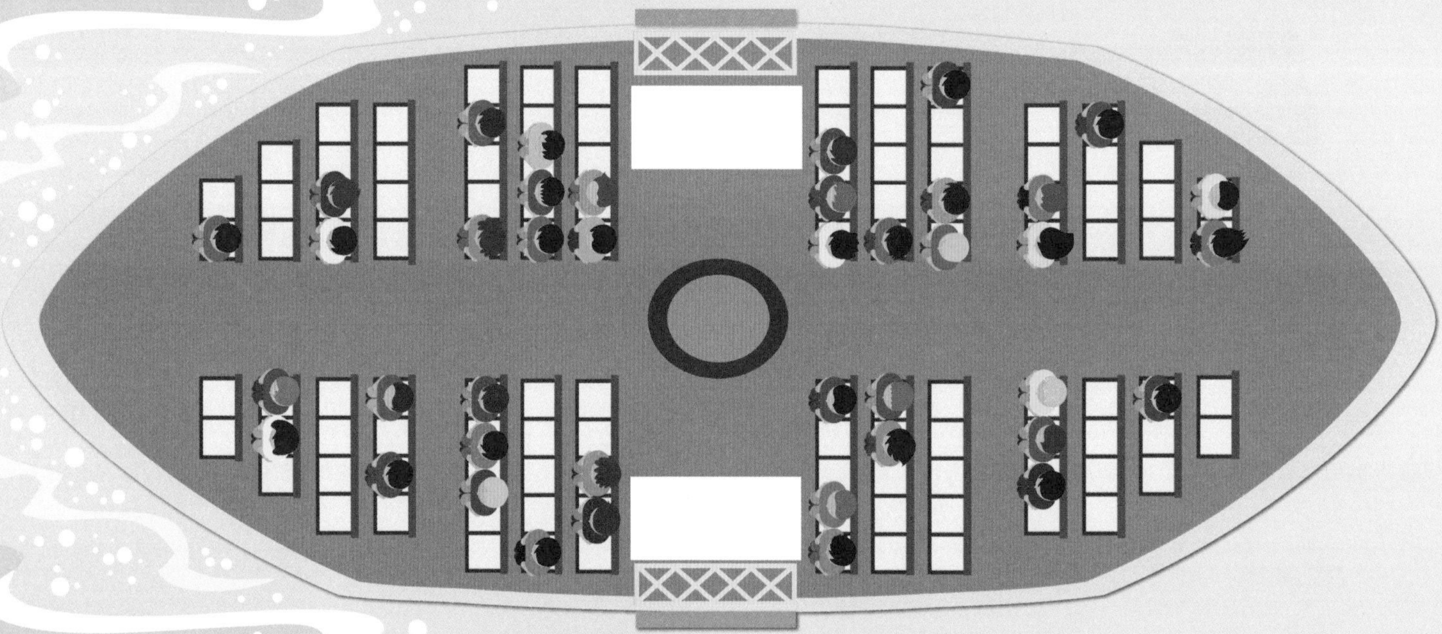

想一想

家長可問問孩子，他比較喜歡坐在渡輪的前段、中段還是後段的位置？為什麼呢？

乘搭渡輪時，乘客還須留意以下有關渡輪安全的事項。請根據文字提示，從貼紙頁中選出相應的貼紙貼在正確的位置。

1

留意緊急逃生出口的位置。

2

留意救生衣的存放位置。

3

不要在樓梯站立。

4

不要把手或身體伸出船外。

渡輪上的救生衣一般存放在座椅下方、前座椅背或救生衣的專用儲物櫃。救生衣分成人及小童尺寸，一起來看看成人救生衣的穿着方法吧。

1

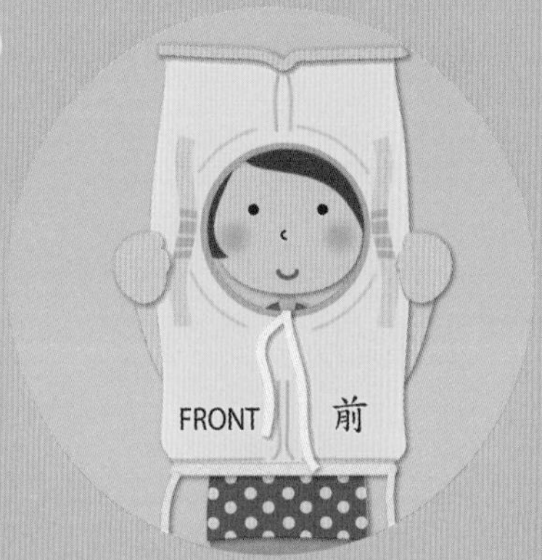

套上救生衣。

2

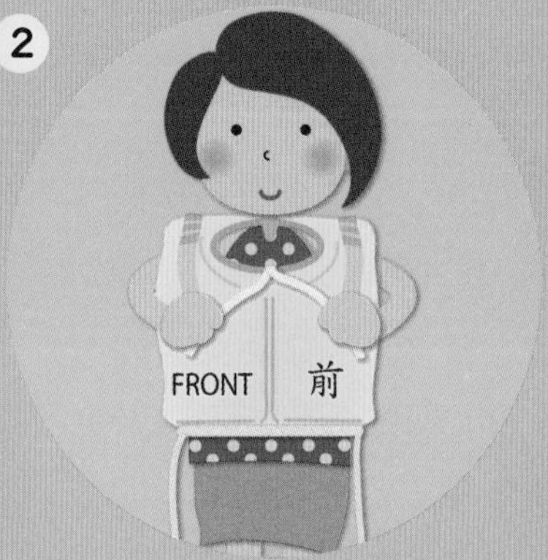

綁緊領帶子。

3

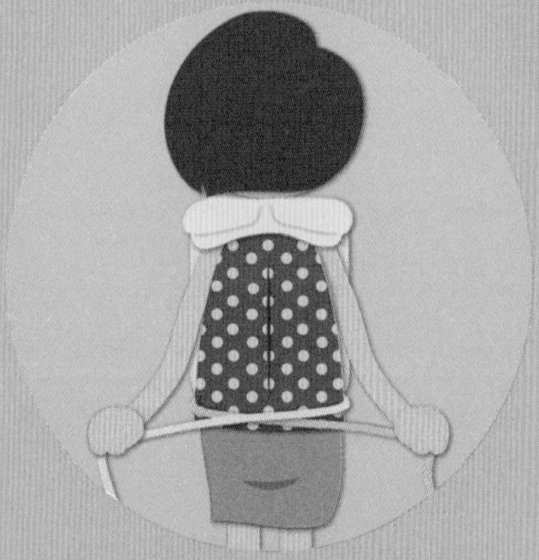

將腰帶子在背後交叉拉緊。

4

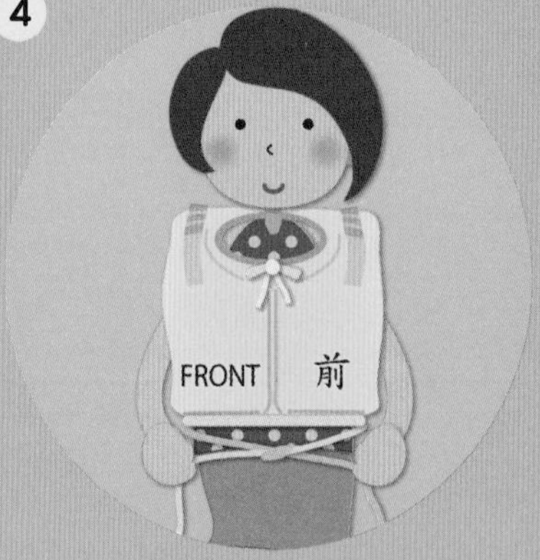

綁緊腰帶子。

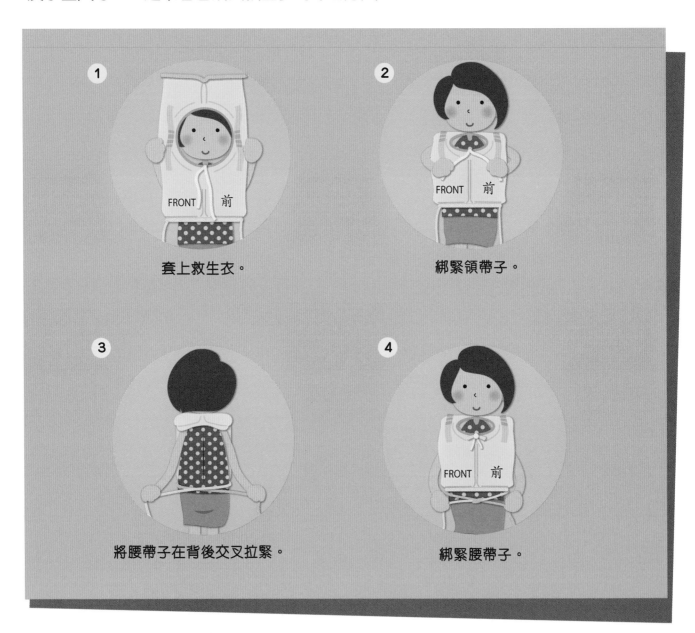

請參考成人救生衣的穿着步驟，在 ☐ 內填上 1 至 4，顯示穿上小童救生衣的正確步驟。
（1 代表最先，4 代表最後。）

☐

前

綁緊領帶子。

☐

FRONT
前

套上救生衣，並將兩手臂穿過套環。

☐

FRONT
前

綁緊腰帶子。

☐

將腰帶子在背後交叉拉緊。

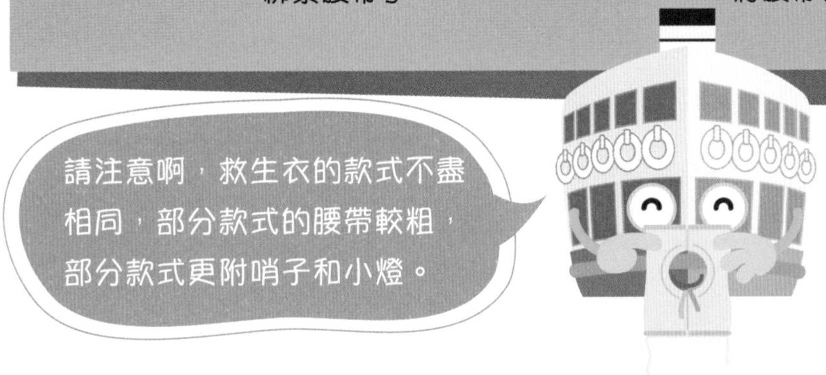
請注意啊，救生衣的款式不盡相同，部分款式的腰帶較粗，部分款式更附哨子和小燈。

·船上禮貌·

乘客只要支付船費，就可以選擇座位。以下家庭都支付了船費，請在 ☐ 內填上他們分別能佔用多少個座位，並說說為什麼。

☐

☐

☐

☐

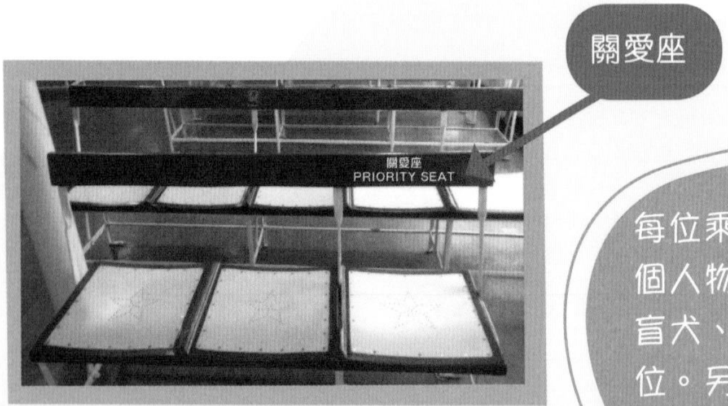

每位乘客只可佔用一個座位，不可用個人物品來霸佔座位。獲准上船的導盲犬、其他狗隻或寵物也不能佔用座位。另外，部分渡輪設關愛座，請禮讓這些座位予有需要的乘客。

航程期間，渡輪上有些乘客欣賞窗外風景，有些輕聲地交談，有些看書，有些休息。可是，有少量乘客做出影響他人的行為。請觀察下圖，把 4 位影響他人的乘客圈出來。

我們可以在渡輪上休閒地做自己喜歡的事，但千萬別做出影響其他乘客的事啊！

·船上清潔·

為保持渡輪上的清潔衞生，乘客應遵守以下的守則。

不要在渡輪上丟棄垃圾。

不要污染海洋。

不要在渡輪上吸煙。

不要踏在座椅上。

除了以上守則外，部分渡輪航線禁止在船上飲食，如有疑問，可向渡輪公司查詢。

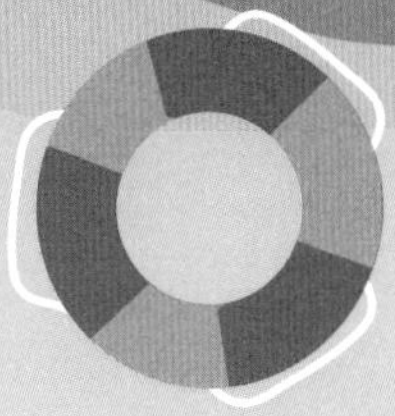

你會怎樣保持渡輪和海洋的清潔衛生呢？請在下方設計一幅海報或標誌，來宣傳你的信息。

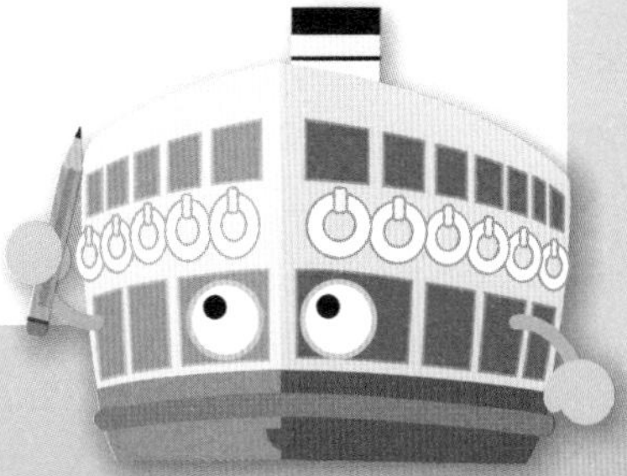

下船

渡輪漸漸靠近碼頭，乘客應繼續坐在椅子上等待。水手繫纜後，緩緩放下吊板。

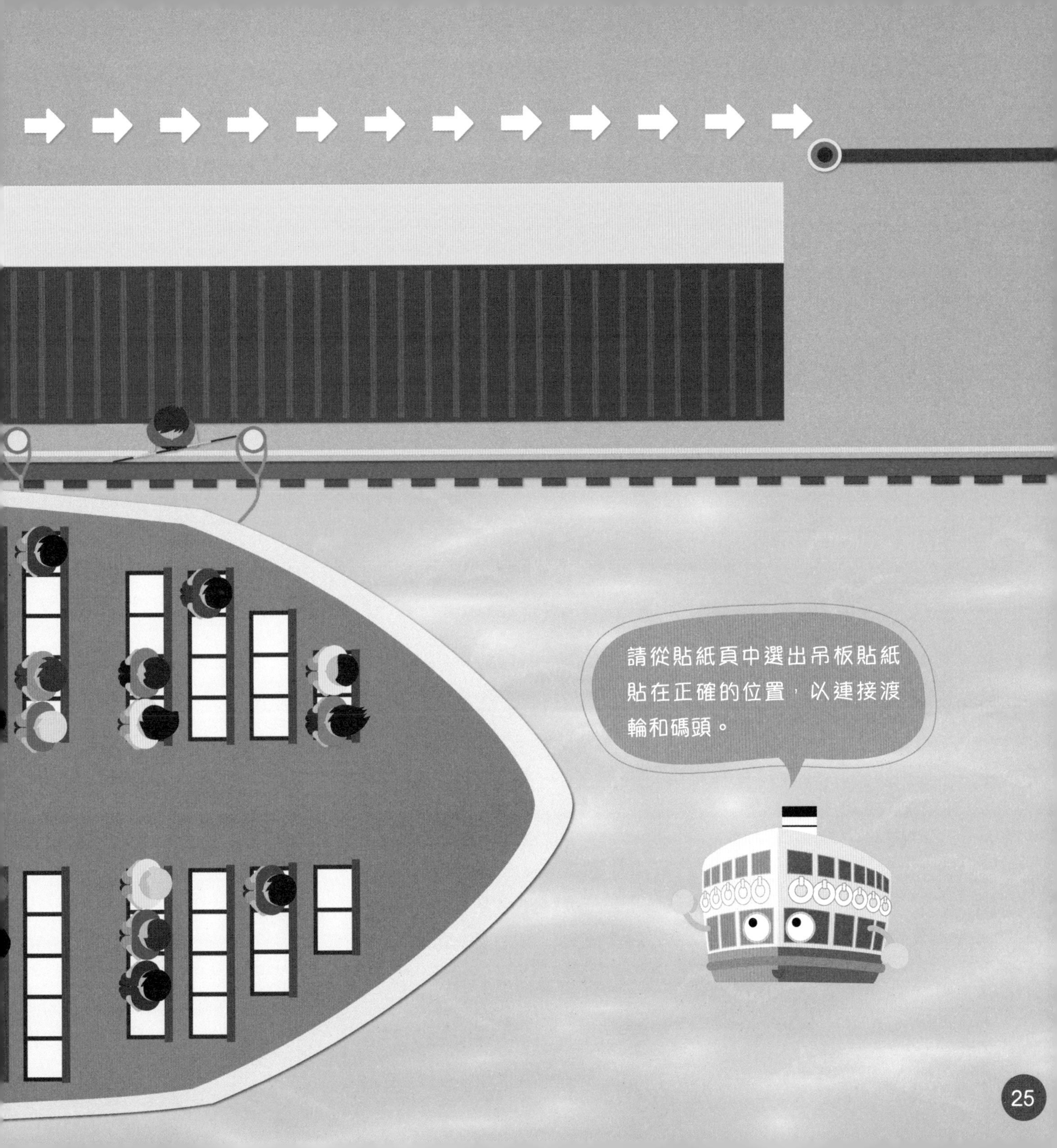
請從貼紙頁中選出吊板貼紙
貼在正確的位置，以連接渡
輪和碼頭。

·渡輪知多點·

天星小輪的舊中環天星碼頭建於 1957 年，位於愛丁堡廣場。該碼頭於 2006 年拆卸，搬往中環填海得來的新址。尖沙咀天星碼頭建於 1912 年，最為人熟悉的就是「5 支旗杆」，那裏高高低低懸掛了 5 支旗幟，包括天星小輪的旗幟。

「5 支旗杆」上還有哪些旗幟呢？找天往尖沙咀天星碼頭看看吧！另外，也可往中環 8 號碼頭的香港海事博物館認識一下香港的海事發展。

香港海事博物館
https://www.hkmaritimemuseum.org

以下是香港的其中一些渡輪，你是否曾經在海上見過它們嗎？請說說看。

天星小輪

新渡輪（高速船）

港九小輪

愉景灣航運

富裕小輪

想一想

家長可與孩子談談乘搭以上船隻時要注意的事項。

·我的旅程·

小朋友，你是否已學會做一個守規矩、有禮貌、懂安全的交通大使？
你有信心計劃一次渡輪旅程嗎？來試試吧！

姓名：

日期 ______年______月______日

天氣情況 □ ☀ □ 🌧 □ ☁

□ 其他：______

同行乘客 ______位

旅程目的 □ 探望親朋 □ 出外進餐 □ 到公園或遊樂場

□ 逛街 □ 其他：______

渡輪航線 □ 港內線 □ 港外線 □ 其他：______

渡輪款式 □ 普通渡輪 □ 高速船 □ 其他：______

座位 □ 上層 □ 下層 □ 普通客位 □ 豪華客位

□ 其他：______

上船碼頭 ______

下船碼頭 ______

船費 HK $ ______

請繪畫一艘你曾乘搭的渡輪，並寫上它的名字。

渡輪的名字：____________________

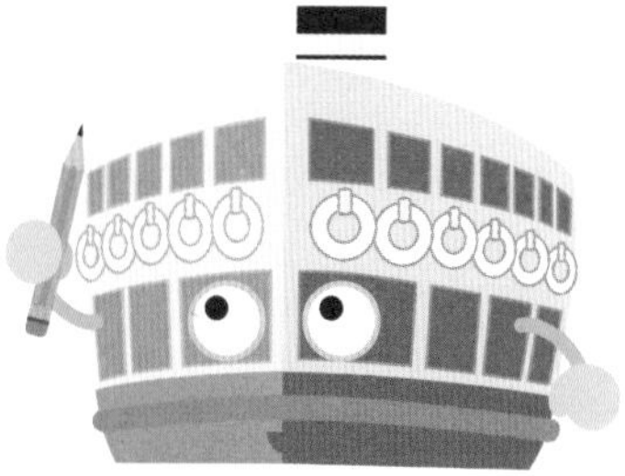

·渡輪遊戲棋·

預備工作

1 請參看 P.33 預備骰子。
2 請參看 P.35 預備棋子。
3 請參看 P.37 預備挑戰卡。
4 請參看拉頁預備棋盤。

在這個遊戲中，孩子可以：

1 重溫乘搭渡輪的安全守則，加強安全意識。
2 重溫乘搭渡輪的禮儀，培養有禮貌的行為。
3 從投擲骰子中按點數前進，並學習遵守遊戲規則。
4 認識中環碼頭的渡輪航線。

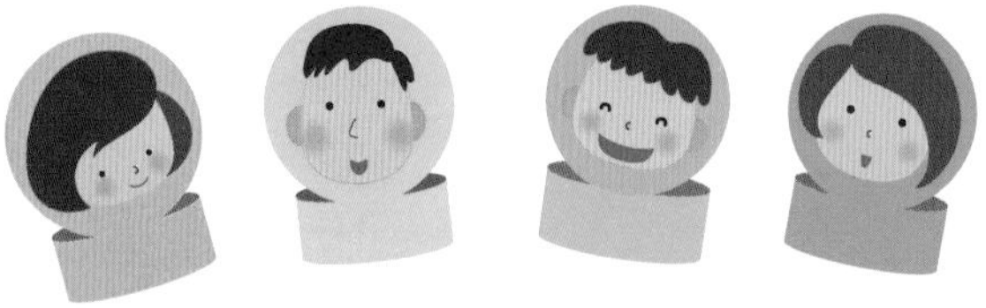

人數：2至4人

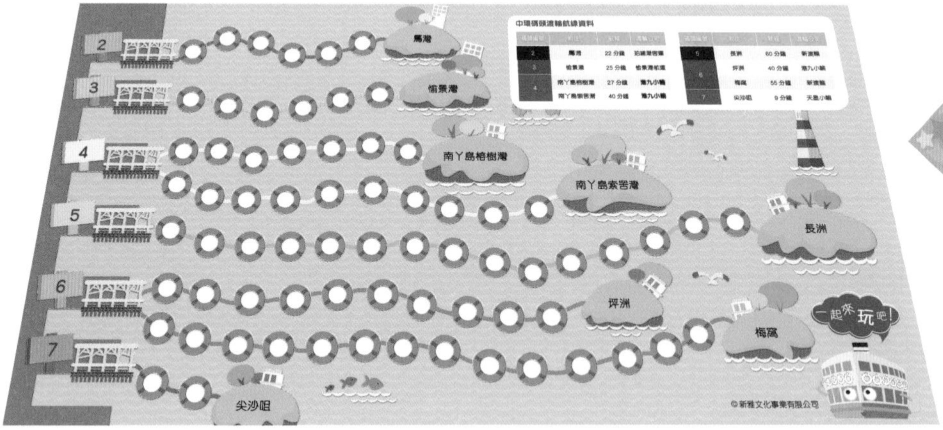

熱身

1 與孩子談一談棋盤上中環碼頭渡輪航線的資料，例如：

- 碼頭編號：2 號至 7 號
- 渡輪航線：8 條
- 航程：由 9 分鐘至 60 分鐘
- 渡輪公司：珀麗灣客運、愉景灣航運、新渡輪、港九小輪、天星小輪

提問孩子有關渡輪航線的問題，例如：

2
- 往尖沙咀的渡輪在哪個碼頭？（7 號碼頭）
- 哪條渡輪航線最長？（往長洲）
- 6 號碼頭有哪些渡輪航線？（往坪洲和往梅窩）

備註：為簡化起見，棋盤上的表格只列出往長洲、往坪洲和往梅窩的普通渡輪的航程，省略了高速船的航程。如欲查詢最新資料，請瀏覽運輸署的網站。(http://www.td.gov.hk/tc/transport_in_hong_kong/public_transport/ferries/index.html)

玩法

1 **商議渡輪航線**：每局開始前，先商議目的地。遊戲初期可設定短途渡輪航線，後期可設定長途渡輪航線。

2 **設定前進規則**：如孩子年紀尚小，可簡單地按骰子的點數前進，即使投擲的點數超越目的地，也算成功到達終點。如孩子玩了數次後，便可引入超越目的地要轉乘回程路線的規則。

3 **回答問題**：如投擲到★，便要抽取一張挑戰卡，並回答有關交通安全或乘船禮儀的問題。答對可再次擲骰子，答錯則罰停一次。

4 最先到達終點者便勝出。

挑戰卡答案

Q1 為什麼乘搭渡輪前要留意天氣報告？
渡輪會於惡劣天氣下停航或任何合理的答案。

Q2 請說出其中一種預防暈浪的方法。
乘搭渡輪前只吃少量食物 / 坐在渡輪上較穩定的位置 / 乘搭渡輪時，望向前方或窗外，不要東張西望或經常擺動身體 / 如有需要，可於出發前服用防止暈浪的藥物，但必須先與醫生商量。

Q3 乘客是否可帶同狗隻或寵物乘搭渡輪？
不同的渡輪公司有不同的安排，乘搭前應向渡輪公司查詢。

Q4 渡輪碼頭的斜台黃色那邊只供什麼乘客優先使用？
使用輪椅的乘客或其他有需要的乘客。

Q5 乘客為什麼不可以在渡輪碼頭的斜台上奔跑？
有可能跌倒 / 有可能撞到其他乘客 / 任何合理的答案。

Q6 渡輪吊板前端的警示線條有什麼用途？
提醒乘客小心吊板的移動。

Q7 在什麼情況下，乘客才可安全地踏上渡輪的吊板？
吊板完全放下及渡輪穩定靠岸的情況下。

Q8 乘客為什麼不可以跳過渡輪吊板？
有可能跌倒 / 有可能墮海 / 任何合理的答案。

Q9 乘客為什麼不可以靠在船邊看風景？
有可能墮海或任何合理的答案。

Q10 渡輪行駛期間，乘客為什麼不可以在渡輪上走動？
避免因船隻擺動而跌倒或任何合理的答案。

Q11 渡輪上的救生衣一般存放在什麼地方？
座椅下方 / 前座椅背 / 救生衣的專用儲物櫃 / 任何合理的答案。

Q12 請說出穿上救生衣的正確步驟。
套上救生衣 → 綁緊領帶子 → 將腰帶子在背後交叉拉緊 → 綁緊腰帶子。

Q13 請說出其中一項有關渡輪安全的注意事項。
不要接近吊板的位置 / 留意緊急逃生出口的位置 / 留意救生衣的存放位置 / 不要在樓梯站立 / 不要把手或身體伸出船外 / 任何合理的答案。

Q14 請說出其中一項有關渡輪禮貌的守則。
不要霸佔座位 / 不要把腳放在前座 / 不大聲地騷擾乘客 / 任何合理的答案。

Q15 渡輪上的嘔吐袋有什麼用途？
供出現輕微暈浪徵狀的乘客備用。

Q16 請說出其中一項有關渡輪清潔的守則。
不要在渡輪上丟棄垃圾 / 不要污染海洋、不要在渡輪上吸煙 / 不要踏在座椅上 / 任何合理的答案。

＊以上答案僅供參考。

骰子

請沿線撕下，並製成骰子。

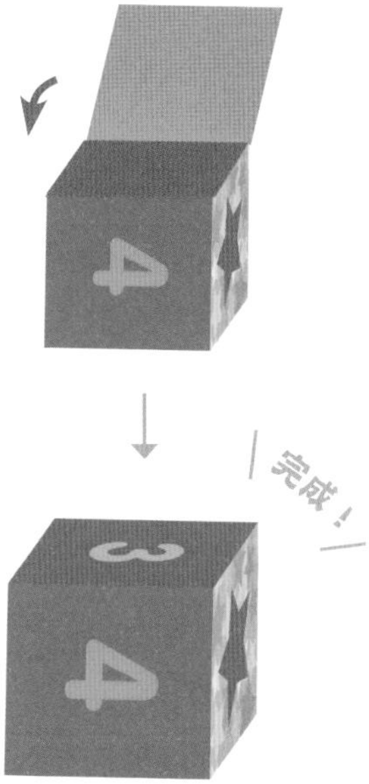
4
完成！
3
4

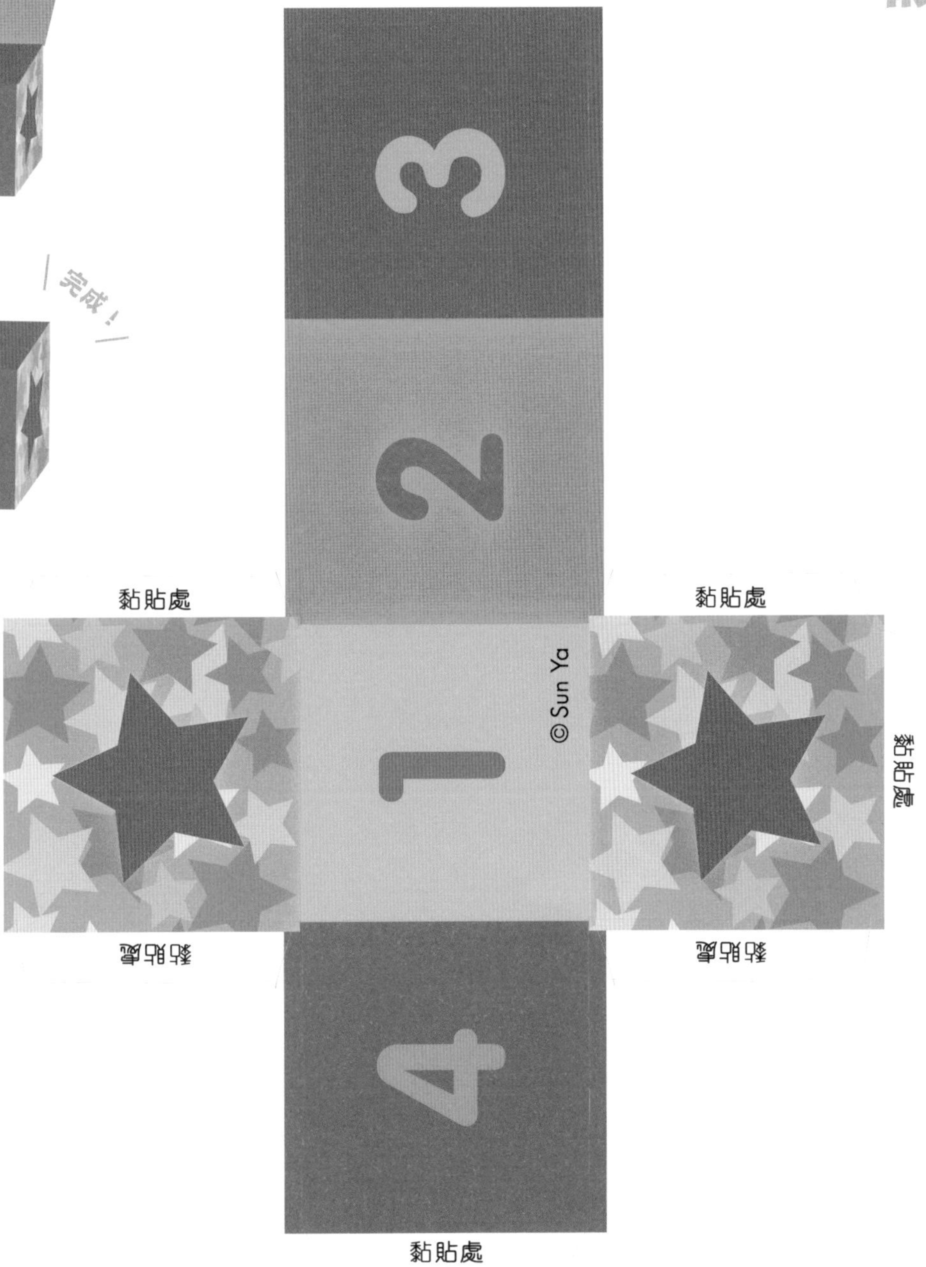
3
2
黏貼處
黏貼處
© Sun Ya
黏貼處
1
黏貼處
黏貼處
黏貼處
4
黏貼處

請沿線撕下，並製成棋子。

棋子

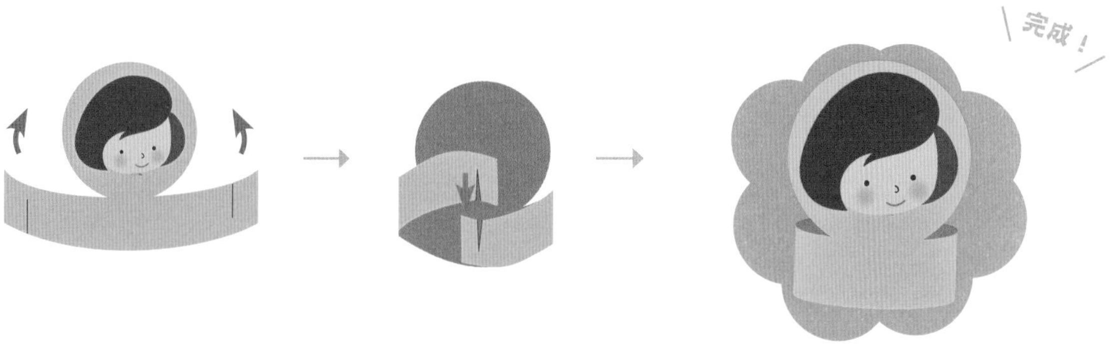
完成！

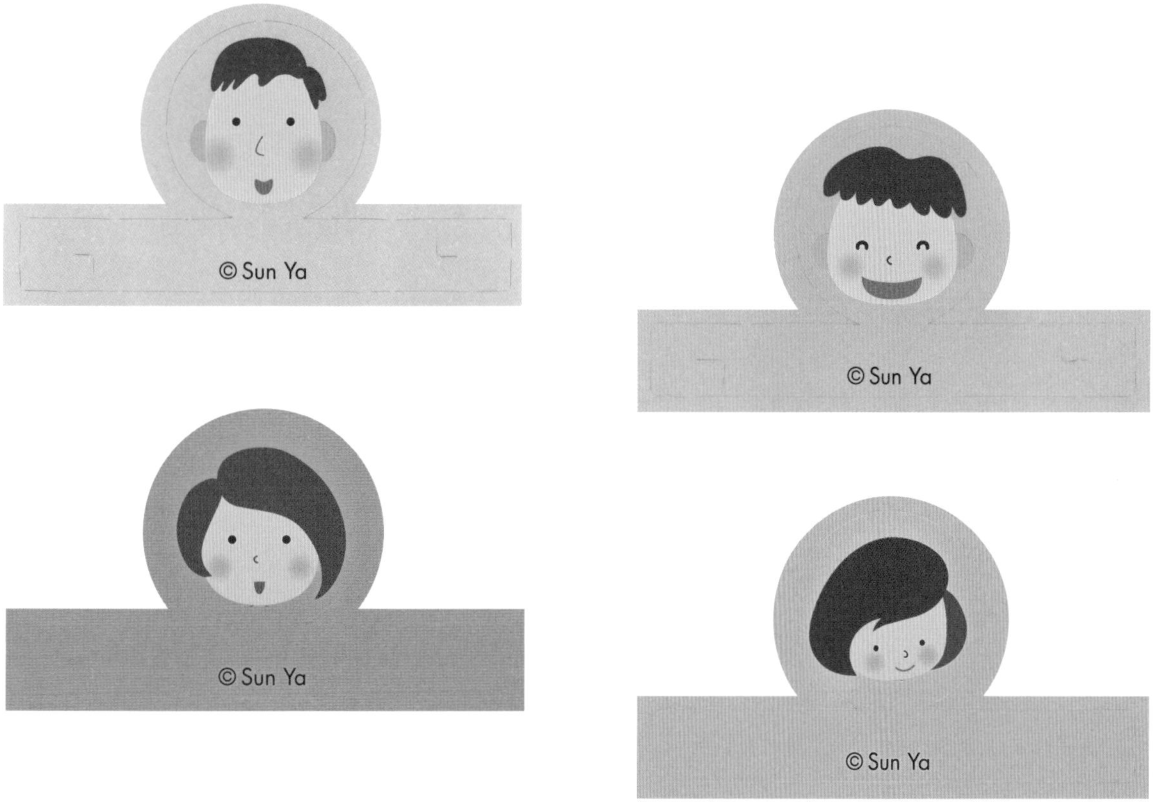
© Sun Ya
© Sun Ya
© Sun Ya
© Sun Ya

請沿線撕下，並製成挑戰卡。

Q1 為什麼乘搭渡輪前要留意天氣報告？

Q2 請說出其中一種預防暈浪的方法。

Q3 乘客是否可帶同狗隻或寵物乘搭渡輪？

Q4 渡輪碼頭的斜台黃色那邊只供什麼乘客優先使用？

Q5 乘客為什麼不可以在渡輪碼頭的斜台上奔跑？

Q6 渡輪吊板前端的警示線條有什麼用途？

Q7 在什麼情況下，乘客才可安全地踏上渡輪的吊板？

Q8 乘客為什麼不可以跳過渡輪吊板？

挑戰卡

挑戰卡

© Sun Ya

挑戰卡

© Sun Ya

挑戰卡

© Sun Ya

挑戰卡

© Sun Ya

挑戰卡

© Sun Ya

挑戰卡

© Sun Ya

挑戰卡

© Sun Ya

請沿線撕下，並製成挑戰卡。

Q9 乘客為什麼不可以靠在船邊看風景？

Q10 渡輪行駛期間，乘客為什麼不可以在渡輪上走動？

Q11 渡輪上的救生衣一般存放在什麼地方？

Q12 請說出穿上救生衣的正確步驟。

Q13 請說出其中一項有關渡輪安全的注意事項。

Q14 請說出其中一項有關渡輪禮貌的守則。

Q15 渡輪上的嘔吐袋有什麼用途？

Q16 請說出其中一項有關渡輪清潔的守則。

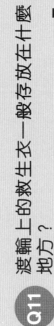

挑戰卡

挑戰卡

© Sun Ya

挑戰卡

© Sun Ya

挑戰卡

© Sun Ya

挑戰卡

© Sun Ya

挑戰卡

© Sun Ya

挑戰卡

© Sun Ya

挑戰卡

© Sun Ya

請使用這些空白的挑戰卡，新增更多問題，然後沿線裁剪。

挑戰卡

挑戰卡

© Sun Ya

挑戰卡

© Sun Ya

挑戰卡

© Sun Ya

挑戰卡

© Sun Ya

挑戰卡

© Sun Ya

挑戰卡

© Sun Ya

挑戰卡

© Sun Ya